# 幸福城区　融合无碍

深圳市福田区参与创建全国无障碍建设示范城市

## ——工作手册——

深圳市福田区残疾人联合会　编

中国建设科技出版社
北　京

# 前言

近年来,党中央、国务院高度重视无障碍环境建设,《中华人民共和国无障碍环境建设法》的出台是贯彻落实党的二十大报告"增进民生福祉,提高人民生活品质,健全基本公共服务体系,提高公共服务水平"精神的充分体现,大力推进无障碍环境建设的重要举措。深圳一直把精神文明建设摆在中国特色社会主义先行示范区建设中的重要位置,扎实推动新时代文明实践中心建设工作深化拓展。2021年9月,全国首部无障碍城市建设立法《深圳经济特区无障碍城市建设条例》正式落地实施。作为深圳的中心城区、首善之区,一直以来福田区委、区政府高度重视无障碍城区建设,部署"筑造无障碍国际化幸福城区"的战略目标,将高质量推进无障碍城区建设的内容摆在福田区国民经济和社会发展的重要位置,坚持把文明典范城区创建打造成"永不落幕的民生工程"。

无障碍建设示范城市创建是城区幸福指数的生动注解,也是文明城区建设的关键一环,更是社会文明进步的重要体现。无障碍事业发展是包括残疾人和老年人等群体的所有人权益保障的重要内容,是社会实现共同富裕的基本保障,又是数智改革的有效实践,无障碍环境建设是一项切切实实的民生工程,目前我国有超过3亿人,包括8500万残疾人和约2.41亿老年人需要无障碍融合环境,无障碍是为所有社会成员准备的,无障碍发展与每个人息息相关。

本书主要聚焦福田区创建文明城区及无障碍建设示范城市工作

实践中存在的问题和短板，为进一步普及无障碍理念知识，增强辖区参与无障碍城市创建人员无障碍意识。全书着重梳理了文明创建重点场景应配备的无障碍设施及通用标准范例，以通俗易懂的手绘场景和文字、适合大众化阅读的形式向相关部门和无障碍设施建设管理单位提供无障碍环境建设指南。

  本书为《幸福城区　融合无碍——深圳市福田区无障碍城区建设工作手册》的2.0版，主要依据《中华人民共和国无障碍环境建设法》、《无障碍环境建设条例》（国务院令第622号）、《建筑与市政工程无障碍通用规范》（GB 55019—2021）、《深圳经济特区无障碍城市建设条例》、《无障碍设施》（21BJ12-1）、《杭州市卫生健康系统无障碍导则》和《福田区城市文明典范城区建设标准2.0》（福文明委〔2020〕6号）等内容进行编印。不足之处，恳请批评指正，将在后续版本及时修改完善。

深圳市福田区残疾人联合会<br/>
2024年10月

# 目录 CONTENTS

## 第一章　创建文明城市无障碍要求及图示

| | | | |
|---|---|---|---|
| 社区 | 02 | 火车站 | 14 |
| 小区 | 04 | 长途汽车站 | 16 |
| 宾馆饭店 | 06 | 政务服务中心 | 18 |
| 大型超市 | 08 | 医院 | 20 |
| 公共文化设施 | 10 | 景区景点 | 22 |
| 大型商场 | 12 | 公共卫生间 | 24 |

## 第二章　无障碍设计标准及图解

| | |
|---|---|
| 无障碍通道 | 28 |
| 盲道 | 30 |
| 无障碍机动车停车位和上/落客区 | 32 |
| 轮椅坡道 | 34 |

| | |
|---|---|
| 无障碍出入口 | 36 |
| 门 | 38 |
| 无障碍电梯和升降平台 | 40 |
| 楼梯和台阶 | 42 |
| 缘石坡道 | 44 |
| 扶手 | 46 |
| 公共卫生间（厕所）和无障碍厕所 | 48 |
| 公共浴室和更衣室 | 50 |
| 无障碍客房和无障碍住房、居室 | 52 |
| 轮椅席位 | 54 |
| 低位服务设施 | 56 |
| 无障碍标识 | 58 |

## 第三章　福田区无障碍城区建设实例

# 第一章

## 创建文明城市无障碍要求及图示

## 创建文明城市无障碍测评标准及要求

①设有轮椅通道、扶手或缘石坡道等无障碍设施,无障碍标识明显,设施管理、使用情况良好;
②停车场设有无障碍机动车停车位,无障碍标识明显;
③对视力残疾人和听力残疾人提供信息无障碍服务。

▶ **1.** 无障碍机动车停车位:①要有显著的指引标识(或指引牌);②停车格内要有无障碍机动车停车位标识;③不能被占用或堆放杂物;④尽量设置在方便出入的停车场入口位置。

▶ **2.** 设有无障碍设施,无障碍设施管理、使用情况良好。主要考核大门口到服务台、咨询台、售票窗口等之间的路段,沿途有楼梯或台阶的地方,有没有设置轮椅通道、扶手或缘石坡道,能够保证乘坐轮椅者、婴儿手推车和老年人正常、安全通行(而且要有明显的无障碍标识)。如果沿途坡度小于10°或落差小于5cm,可以不用设置无障碍设施。确实无法设置无障碍设施的,可以采取公布求助电话的方式满足群众有关诉求。

▶ **3.** 设有无障碍卫生间,可以单独设立在公共卫生间外面,也可以在公共卫生间内单独设置一个厕位,相关的坐便器和扶手等设施要能正常使用。

▶ **4.** 要对视力残疾人和听力残疾人提供信息无障碍服务,在点位的志愿服务站的服务项目里明确(公示出)可以为听力和视觉障碍者提供必要的志愿服务,对盲人、聋哑人提供相关服务。

## 创建文明城市无障碍测评标准及要求

①设有轮椅通道、扶手或缘石坡道等无障碍设施，无障碍标识明显，设施管理、使用情况良好；
②停车场设有无障碍机动车停车位，无障碍标识明显；
③对视力残疾人和听力残疾人提供信息无障碍服务。

▶ **1.** 无障碍机动车停车位：①要有显著的指引标识（或指引牌）；②停车格内要有无障碍机动车停车位标识；③不能被占用或堆放杂物；④尽量设置在方便出入的停车场入口位置。

▶ **2.** 设有无障碍设施，无障碍设施管理、使用情况良好。主要考核大门口到服务台、咨询台、售票窗口等之间的路段，沿途有楼梯或台阶的地方，有没有设置轮椅通道、扶手或缘石坡道，能够保证乘坐轮椅者、婴儿手推车和老年人正常、安全通行（而且要有明显的无障碍标识）。如果沿途坡度小于 10°或落差小于 5cm，可以不用设置无障碍设施。确实无法设置无障碍设施的，可以采取公布求助电话的方式满足群众有关诉求。

▶ **3.** 设有无障碍卫生间，可以单独设立在公共卫生间外面，也可以在公共卫生间内单独设置一个厕位，相关的坐便器和扶手等设施要能正常使用。

▶ **4.** 要对视力残疾人和听力残疾人提供信息无障碍服务，在点位的志愿服务站的服务项目里明确（公示出）可以为听力和视觉障碍者提供必要的志愿服务，对盲人、聋哑人提供相关服务。

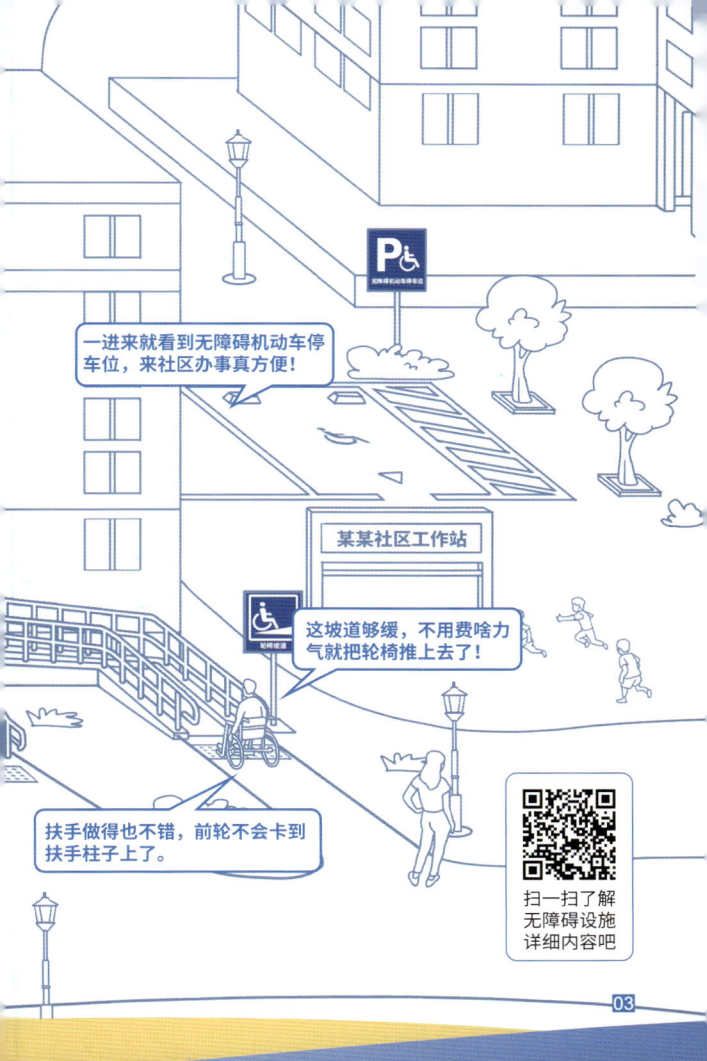

# 小区无障碍场景图示

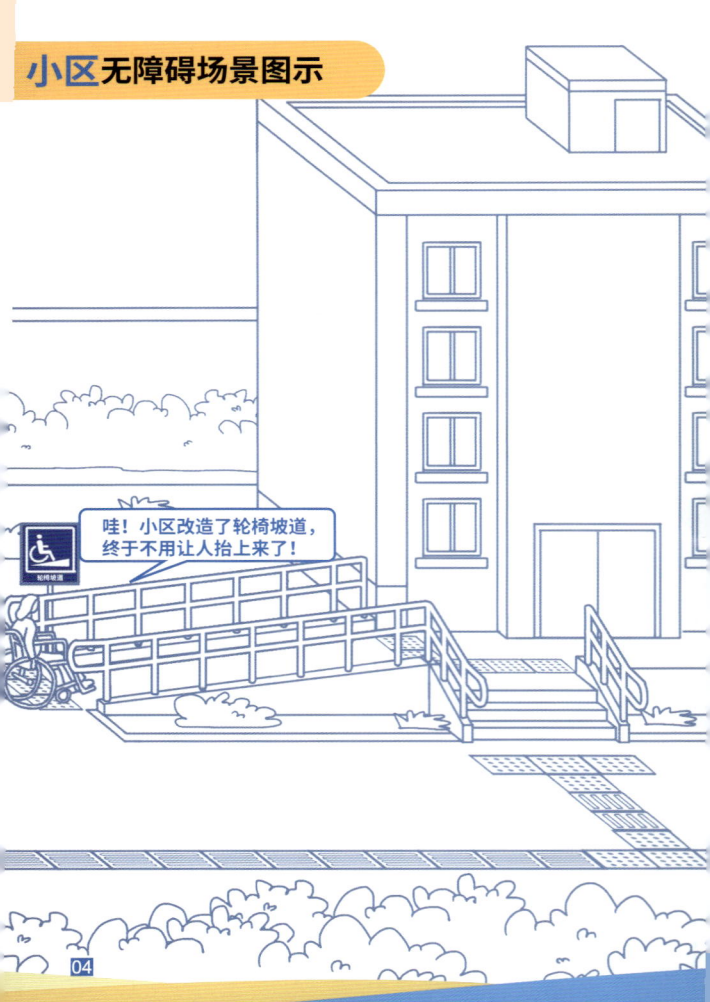

# 宾馆饭店无障碍场景图示

## 创建文明城市无障碍测评标准及要求

①设有轮椅通道、扶手或缘石坡道等无障碍设施,无障碍标识明显,设施管理、使用情况良好;
②停车场设有无障碍机动车停车位,无障碍标识明显;
③对视力残疾人和听力残疾人提供信息无障碍服务。

▶ **1.** 无障碍机动车停车位:①要有显著的指引标识(或指引牌);②停车格内要有无障碍机动车停车位标识;③不能被占用或堆放杂物;④尽量设置在方便出入的停车场入口位置。

▶ **2.** 设有无障碍设施,无障碍设施管理、使用情况良好。主要考核大门口到服务台、咨询台、售票窗口等之间的路段,沿途有楼梯或台阶的地方,有没有设置轮椅通道、扶手或缘石坡道,能够保证乘坐轮椅者、婴儿手推车和老年人正常、安全通行(而且要有明显的无障碍标识)。如果沿途坡度小于 10°或落差小于 5cm,可以不用设置无障碍设施。确实无法设置无障碍设施的,可以采取公布求助电话的方式满足群众有关诉求。

▶ **3.** 设有无障碍卫生间,可以单独设立在公共卫生间外面,也可以在公共卫生间内单独设置一个厕位,相关的坐便器和扶手等设施要能正常使用。

▶ **4.** 要对视力残疾人和听力残疾人提供信息无障碍服务,在点位的志愿服务站的服务项目里明确(公示出)可以为听力和视觉障碍者提供必要的志愿服务,对盲人、聋哑人提供相关服务。

## 创建文明城市无障碍测评标准及要求

①设有轮椅通道、扶手或缘石坡道等无障碍设施，无障碍标识明显，设施管理、使用情况良好；
②停车场设有无障碍机动车停车位，无障碍标识明显；
③对视力残疾人和听力残疾人提供信息无障碍服务。

▶ **1.** 无障碍机动车停车位：①要有显著的指引标识（或指引牌）；②停车格内要有无障碍机动车停车位标识；③不能被占用或堆放杂物；④尽量设置在方便出入的停车场入口位置。

▶ **2.** 设有无障碍设施，无障碍设施管理、使用情况良好。主要考核大门口到服务台、咨询台、售票窗口等之间的路段，沿途有楼梯或台阶的地方，有没有设置轮椅通道、扶手或缘石坡道，能够保证乘坐轮椅者、婴儿手推车和老年人正常、安全通行（而且要有明显的无障碍标识）。如果沿途坡度小于 10°或落差小于 5cm，可以不用设置无障碍设施。确实无法设置无障碍设施的，可以采取公布求助电话的方式满足群众有关诉求。

▶ **3.** 设有无障碍卫生间，可以单独设立在公共卫生间外面，也可以在公共卫生间内单独设置一个厕位，相关的坐便器和扶手等设施要能正常使用。

▶ **4.** 要对视力残疾人和听力残疾人提供信息无障碍服务，在点位的志愿服务站的服务项目里明确（公示出）可以为听力和视觉障碍者提供必要的志愿服务，对盲人、聋哑人提供相关服务。

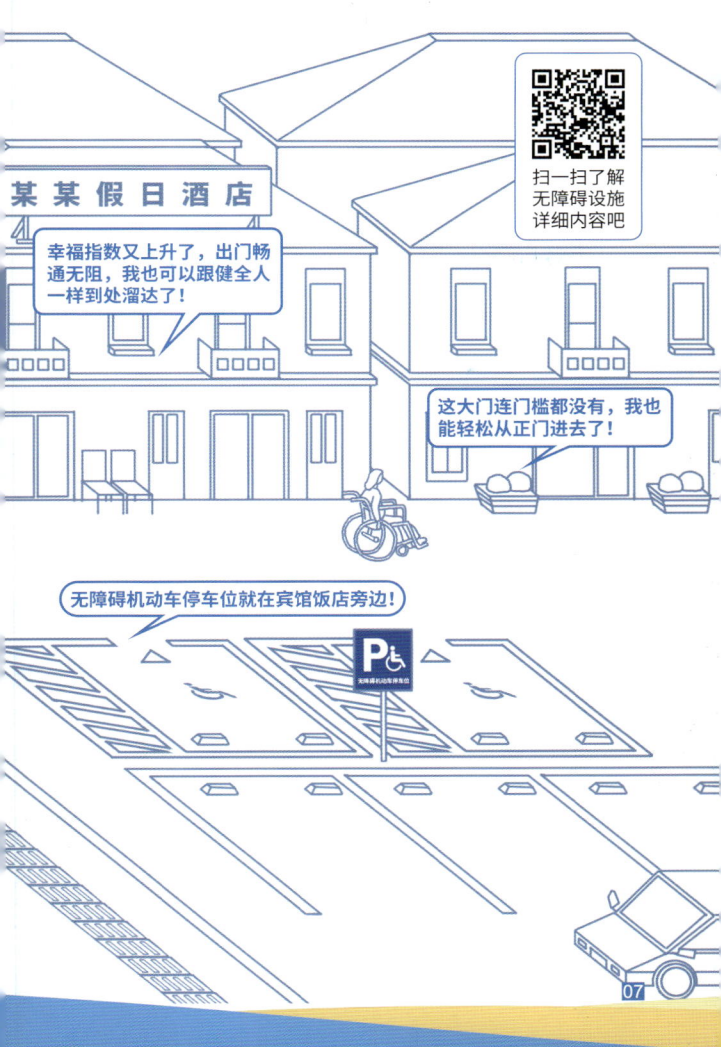

# 大型超市无障碍场景图示

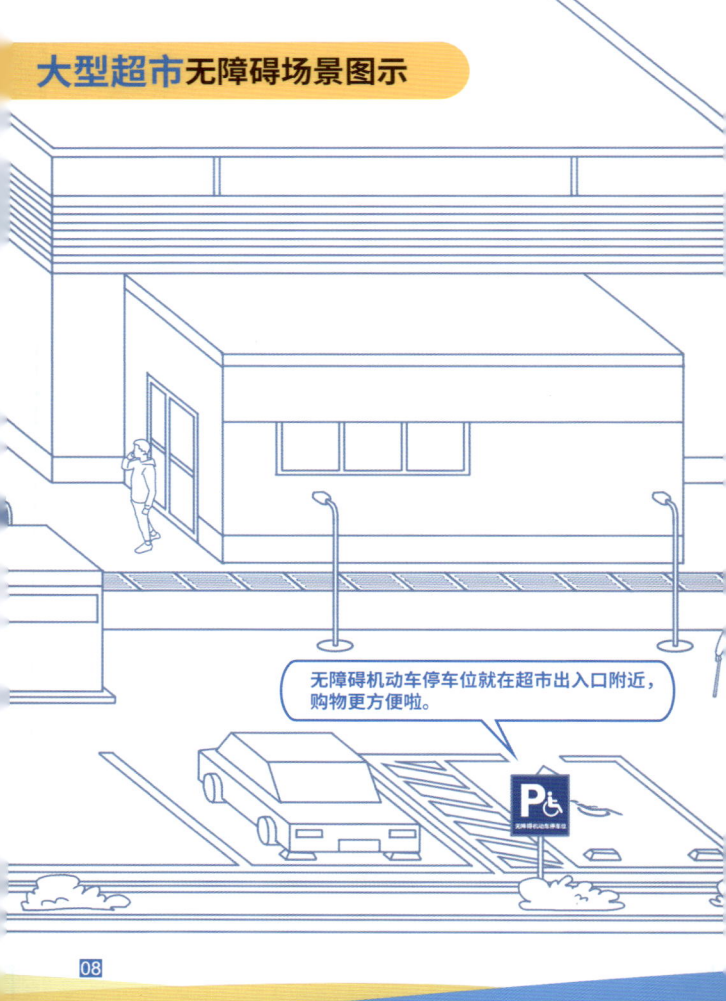

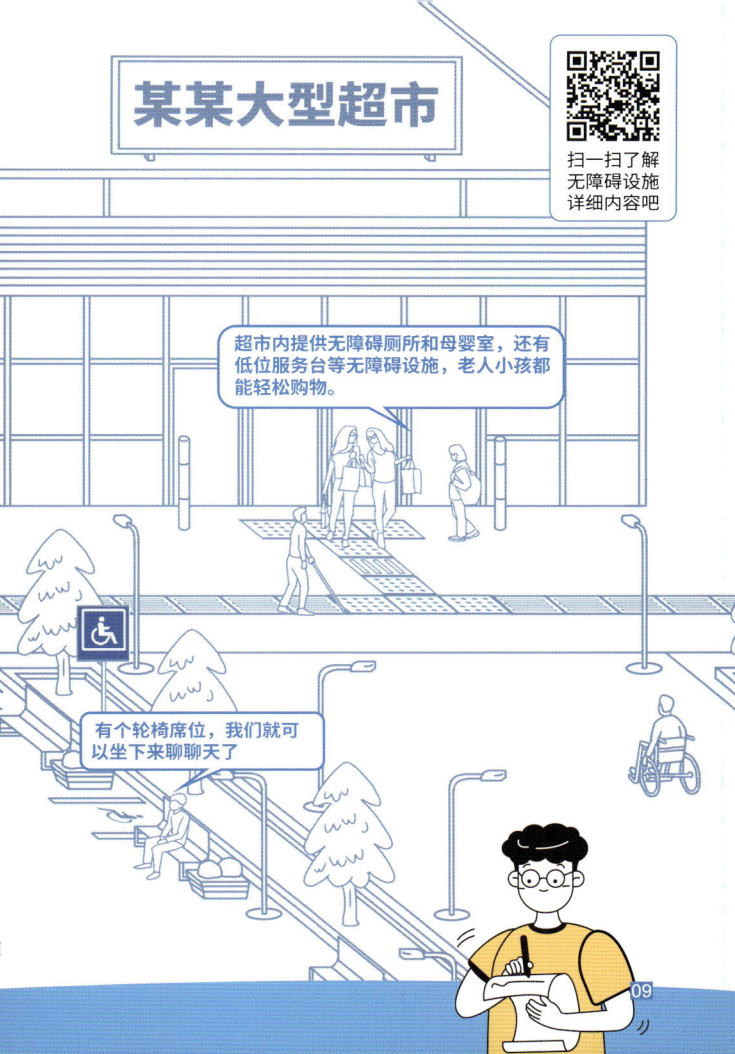

## 创建文明城市无障碍测评标准及要求

①设有轮椅通道、扶手或缘石坡道等无障碍设施，无障碍标识明显，设施管理、使用情况良好；
②停车场设有无障碍机动车停车位，无障碍标识明显；
③对视力残疾人和听力残疾人提供信息无障碍服务。
④设有无障碍卫生间、母婴室，卫生间、母婴室管理、使用情况良好。

▶ 1. 无障碍机动车停车位：①要有显著的指引标识（或指引牌）；②停车格内要有无障碍机动车停车位标识；③不能被占用或堆放杂物；④尽量设置在方便出入的停车场入口位置。

▶ 2. 设有无障碍设施，无障碍设施管理、使用情况良好。主要考核大门口到服务台、咨询台、售票窗口等之间的路段，沿途有楼梯或台阶的地方，有没有设置轮椅通道、扶手或缘石坡道，能够保证乘坐轮椅者、婴儿手推车和老年人正常、安全通行（而且要有明显的无障碍标识）。如果沿途坡度小于10°或落差小于5cm，可以不用设置无障碍设施。确实无法设置无障碍设施的，可以采取公布求助电话的方式满足群众有关诉求。

▶ 3. 设有无障碍卫生间，可以单独设立在公共卫生间外面，也可以在公共卫生间内单独设置一个厕位，相关的坐便器和扶手等设施要能正常使用。

▶ 4. 要对视力残疾人和听力残疾人提供信息无障碍服务，在点位的志愿服务站的服务项目里明确（公示出）可以为听力和视觉障碍者提供必要的志愿服务，对盲人、聋哑人提供相关服务。

## 创建文明城市无障碍测评标准及要求

①设有轮椅通道、扶手或缘石坡道等无障碍设施,无障碍标识明显,设施管理、使用情况良好;
②停车场设有无障碍机动车停车位,无障碍标识明显;
③对视力残疾人和听力残疾人提供信息无障碍服务。

▶ **1.** 无障碍机动车停车位:①要有显著的指引标识(或指引牌);②停车格内要有无障碍机动车停车位标识;③不能被占用或堆放杂物;④尽量设置在方便出入的停车场入口位置。

▶ **2.** 设有无障碍设施,无障碍设施管理、使用情况良好。主要考核大门口到服务台、咨询台、售票窗口等之间的路段,沿途有楼梯或台阶的地方,有没有设置轮椅通道、扶手或缘石坡道,能够保证乘坐轮椅者、婴儿手推车和老年人正常、安全通行(而且要有明显的无障碍标识)。如果沿途坡度小于10°或落差小于5cm,可以不用设置无障碍设施。确实无法设置无障碍设施的,可以采取公布求助电话的方式满足群众有关诉求。

▶ **3.** 设有无障碍卫生间,可以单独设立在公共卫生间外面,也可以在公共卫生间内单独设置一个厕位,相关的坐便器和扶手等设施要能正常使用。

▶ **4.** 要对视力残疾人和听力残疾人提供信息无障碍服务,在点位的志愿服务站的服务项目里明确(公示出)可以为听力和视觉障碍者提供必要的志愿服务,对盲人、聋哑人提供相关服务。

# 火车站无障碍场景图示

## 创建文明城市无障碍测评标准及要求

①设有轮椅通道、扶手或缘石坡道等无障碍设施,无障碍标识明显,设施管理、使用情况良好;
②停车场设有无障碍机动车停车位,无障碍标识明显;
③对视力残疾人和听力残疾人提供信息无障碍服务。
④设有无障碍卫生间、母婴室,卫生间、母婴室管理、使用情况良好。

▶ **1.** 无障碍机动车停车位:①要有显著的指引标识(或指引牌);②停车格内要有无障碍机动车停车位标识;③不能被占用或堆放杂物;④尽量设置在方便出入的停车场入口位置。

▶ **2.** 设有无障碍设施,无障碍设施管理、使用情况良好。主要考核大门口到服务台、咨询台、售票窗口等之间的路段,沿途有楼梯或台阶的地方,有没有设置轮椅通道、扶手或缘石坡道,能够保证乘坐轮椅者、婴儿手推车和老年人正常、安全通行(而且要有明显的无障碍标识)。如果沿途坡度小于10°或落差小于5cm,可以不用设置无障碍设施。确实无法设置无障碍的,可以采取公布求助电话的方式满足群众有关诉求。

▶ **3.** 设有无障碍卫生间,可以单独设立在公共卫生间外面,也可以在公共卫生间内单独设置一个厕位,相关的坐便器和扶手等设施要能正常使用。

▶ **4.** 要对视力残疾人和听力残疾人提供信息无障碍服务,在点位的志愿服务站的服务项目里明确(公示出)可以为听力和视觉障碍者提供必要的志愿服务,对盲人、聋哑人提供相关服务。

## 创建文明城市无障碍测评标准及要求

①设有轮椅通道、扶手或缘石坡道等无障碍设施,无障碍标识明显,设施管理、使用情况良好;
②停车场设有无障碍机动车停车位,无障碍标识明显;
③对视力残疾人和听力残疾人提供信息无障碍服务。
④设有无障碍卫生间、母婴室,卫生间、母婴室管理、使用情况良好。

▶ **1.** 无障碍机动车停车位:①要有显著的指引标识(或指引牌);②停车格内要有无障碍机动车停车位标识;③不能被占用或堆放杂物;④尽量设置在方便出入的停车场入口位置。

▶ **2.** 设有无障碍设施,无障碍设施管理、使用情况良好。主要考核大门口到服务台、咨询台、售票窗口等之间的路段,沿途有楼梯或台阶的地方,有没有设置轮椅通道、扶手或缘石坡道,能够保证乘坐轮椅者、婴儿手推车和老年人正常、安全通行(而且要有明显的无障碍标识)。如果沿途坡度小于 10°或落差小于 5cm,可以不用设置无障碍设施。确实无法设置无障碍设施的,可以采取公布求助电话的方式满足群众有关诉求。

▶ **3.** 设有无障碍卫生间,可以单独设立在公共卫生间外面,也可以在公共卫生间内单独设置一个厕位,相关的坐便器和扶手等设施要能正常使用。

▶ **4.** 要对视力残疾人和听力残疾人提供信息无障碍服务,在点位的志愿服务站的服务项目里明确(公示出)可以为听力和视觉障碍者提供必要的志愿服务,对盲人、聋哑人提供相关服务。

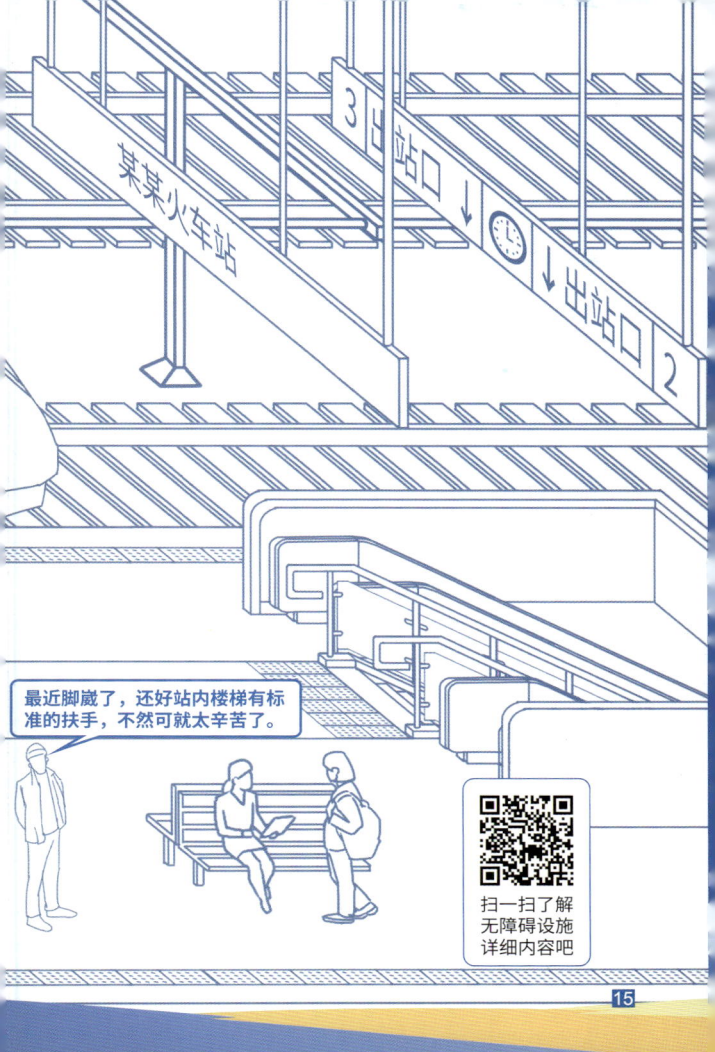

# 政务服务中心无障碍场景图示

# 创建文明城市无障碍测评标准及要求

①设有轮椅通道、扶手或缘石坡道等无障碍设施,无障碍标识明显,设施管理、使用情况良好;
②停车场设有无障碍机动车停车位,无障碍标识明显;
③对视力残疾人和听力残疾人提供信息无障碍服务。
④设有无障碍卫生间、母婴室,卫生间、母婴室管理、使用情况良好。

▶ **1.** 无障碍机动车停车位:①要有显著的指引标识(或指引牌);②停车格内要有无障碍机动车停车位标识;③不能被占用或堆放杂物;④尽量设置在方便出入的停车场入口位置。

▶ **2.** 设有无障碍设施,无障碍设施管理、使用情况良好。主要考核大门口到服务台、咨询台、售票窗口等之间的路段,沿途有楼梯或台阶的地方,有没有设置轮椅通道、扶手或缘石坡道,能够保证乘坐轮椅者、婴儿手推车和老年人正常、安全通行(而且要有明显的无障碍标识)。如果沿途坡度小于10°或落差小于5cm,可以不用设置无障碍设施。确实无法设置无障碍设施的,可以采取公布求助电话的方式满足群众有关诉求。

▶ **3.** 设有无障碍卫生间,可以单独设立在公共卫生间外面,也可以在公共卫生间内单独设置一个厕位,相关的坐便器和扶手等设施要能正常使用。

▶ **4.** 要对视力残疾人和听力残疾人提供信息无障碍服务,在点位的志愿服务站的服务项目里明确(公示出)可以为听力和视觉障碍者提供必要的志愿服务,对盲人、聋哑人提供相关服务。

# 创建文明城市无障碍测评标准及要求

①设有轮椅通道、扶手或缘石坡道等无障碍设施，无障碍标识明显，设施管理、使用情况良好；
②停车场设有无障碍机动车停车位，无障碍标识明显；
③对视力残疾人和听力残疾人提供信息无障碍服务。
④设有无障碍卫生间、母婴室，卫生间、母婴室管理、使用情况良好。

▶ **1.** 无障碍机动车停车位：①要有显著的指引标识（或指引牌）；②停车格内要有无障碍机动车停车位标识；③不能被占用或堆放杂物；④尽量设置在方便出入的停车场入口位置。

▶ **2.** 设有无障碍设施，无障碍设施管理、使用情况良好。主要考核大门口到服务台、咨询台、售票窗口等之间的路段，沿途有楼梯或台阶的地方，有没有设置轮椅通道、扶手或缘石坡道，能够保证乘坐轮椅者、婴儿手推车和老年人正常、安全通行（而且要有明显的无障碍标识）。如果沿途坡度小于 10°或落差小于 5cm，可以不用设置无障碍设施。确实无法设置无障碍设施的，可以采取公布求助电话的方式满足群众有关诉求。

▶ **3.** 设有无障碍卫生间，可以单独设立在公共卫生间外面，也可以在公共卫生间内单独设置一个厕位，相关的坐便器和扶手等设施要能正常使用。

▶ **4.** 要对视力残疾人和听力残疾人提供信息无障碍服务，在点位的志愿服务站的服务项目里明确（公示出）可以为听力和视觉障碍者提供必要的志愿服务，对盲人、聋哑人提供相关服务。

# 医院无障碍场景图示

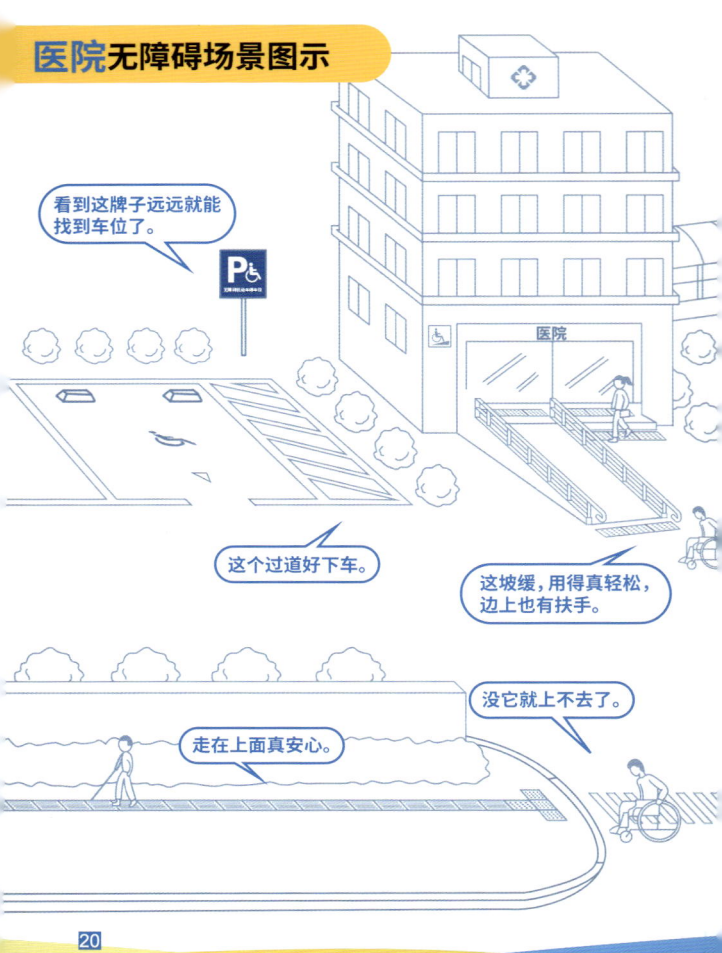

# 景区景点无障碍场景图示

## 创建文明城市无障碍测评标准及要求

①设有轮椅通道、扶手或缘石坡道等无障碍设施,无障碍标识明显,设施管理、使用情况良好;
②至少有一个方便残疾人、老年人、伤病人或孕妇儿童使用的带扶手的坐便器或蹲便器。

▶ **1.** 设有无障碍设施,无障碍设施管理、使用情况良好。主要考核大门口到服务台、咨询台、售票窗口等之间的路段,沿途有楼梯或台阶的地方,有没有设有轮椅通道、扶手或缘石坡道,能够保证乘坐轮椅者、婴儿手推车和老年人正常、安全通行(而且要有明显的无障碍标识)。如果沿途坡度小于10°或落差小于5cm,可以不用设置无障碍设施。确实无法设置无障碍设施的,可以采取公布求助电话的方式满足群众有关诉求。

▶ **2.** 设有无障碍卫生间,可以单独设立在公共卫生间外面,也可以在公共卫生间内单独设置一个厕位,相关的坐便器和扶手等设施要能正常使用。

# 创建文明城市无障碍测评标准及要求

设有无障碍卫生间、母婴室,卫生间、母婴室管理、使用情况良好。

▶ 设有无障碍卫生间,可以单独设立在公共卫生间外面,也可以在公共卫生间内单独设置一个厕位,相关的坐便器和扶手等设施要能正常使用。

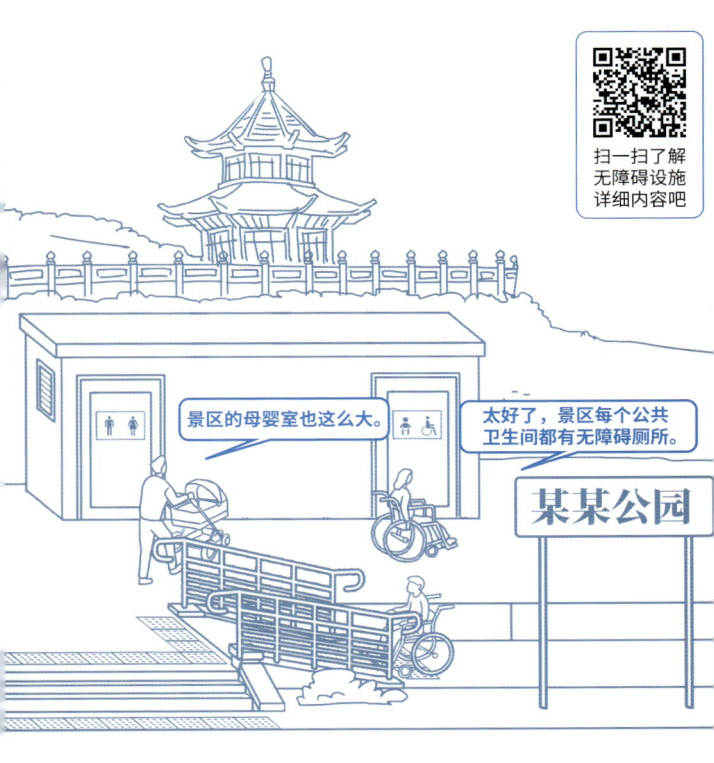

# 公共卫生间无障碍场景图示

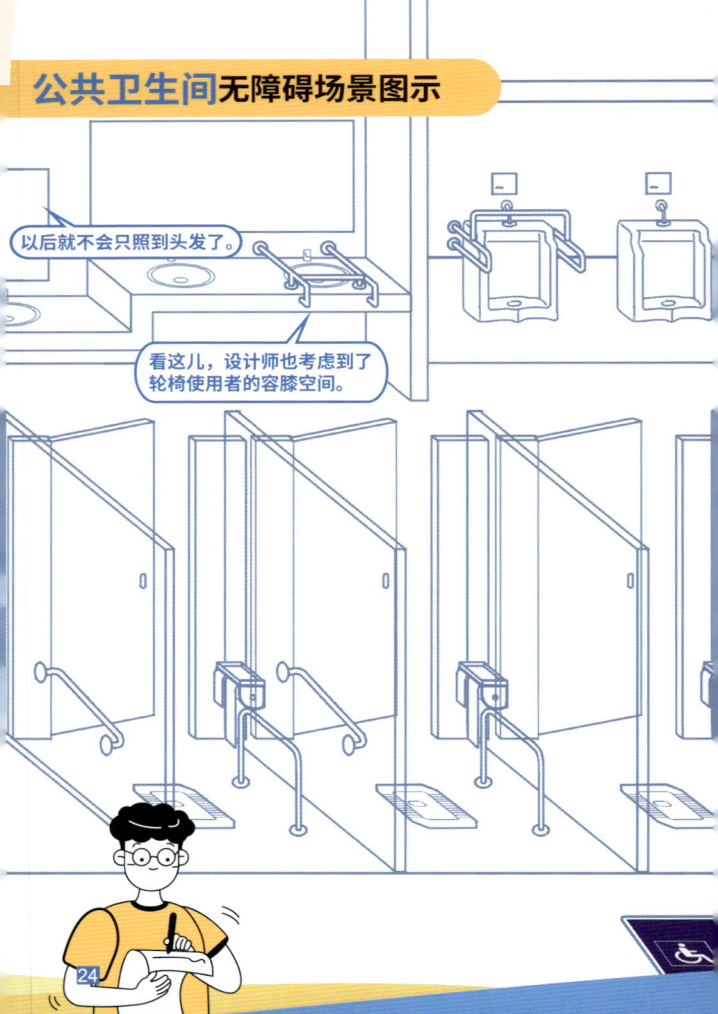

# 第二章

**无障碍设计标准及图解**

## 无障碍通道

无障碍通道是方便包括残疾人在内的无障碍需求者出行的专用通道,是残疾人参与社会生活的基本条件。

### 设计应符合下列规定:

1. 无障碍通道上有地面高差时,应设置轮椅坡道或缘石坡道。
2. 无障碍通道的通行净宽不应小于 1.20m,人员密集的公共场所的通行净宽不应小于 1.80m。
3. 无障碍通道上的门洞口应满足轮椅通行,各类检票口、结算口等应设轮椅通道,通行净宽不应小于 900mm。
4. 无障碍通道上有井盖、箅子时,井盖、箅子孔洞的宽度或直径不应大于 13mm,条状孔洞应垂直于通行方向。
5. 自动扶梯、楼梯的下部和其他室内外低矮空间可以进入时,应在净高不大于 2.00m 处采取安全阻挡措施。

扫一扫来了解无障碍通道更详细的内容吧

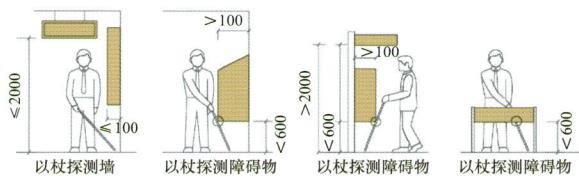

盲杖探各处障碍物图示

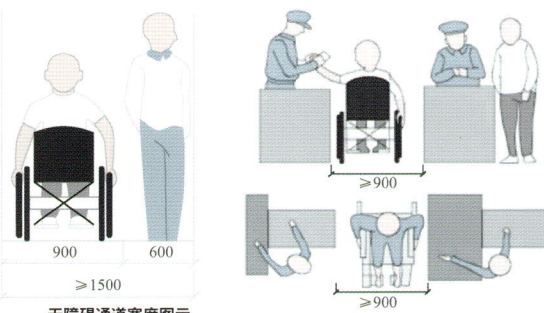

无障碍通道宽度图示　　检票口和结算口图示

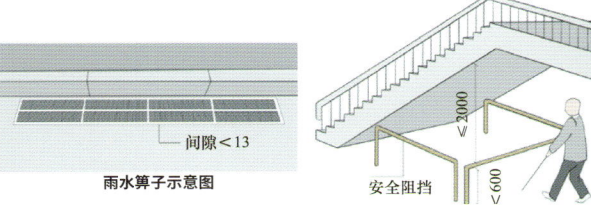

雨水箅子示意图　　安全阻挡

# 盲道

盲道是专门帮助视障者行走的道路设施。盲道一般由两类砖铺就，一类是条形引导砖，引导视障者放心前行，称为行进盲道；另一类是带有圆点的提示砖，提示视障者前面有障碍，该转弯了，称为提示盲道。

## 设计应符合下列规定：

1. 盲道的铺设应保证视觉障碍者安全行走和辨别方向。
2. 盲道铺设应避开障碍物，任何设施不得占用盲道。
3. 需要安全警示和提示处应设置提示盲道，其长度应与需安全警示和提示的范围相对应。行进盲道的起点、终点、转弯处，应设置提示盲道，其宽度不应小于 300mm，且不应小于行进盲道的宽度。
4. 盲道应与相邻人行道铺面的颜色或材质形成差异。

行进盲道的触感条规格

| 部位 | 尺寸要求 / mm |
|---|---|
| 面宽 | 25 |
| 底宽 | 35 |
| 高度 | 4 |
| 中心距 | 62~75 |

提示盲道的触感圆点规格

| 部位 | 尺寸要求 / mm |
|---|---|
| 表面直径 | 25 |
| 底面直径 | 35 |
| 圆点高度 | 4 |
| 圆点中心距 | 50 |

扫一扫来了解盲道更详细的内容吧

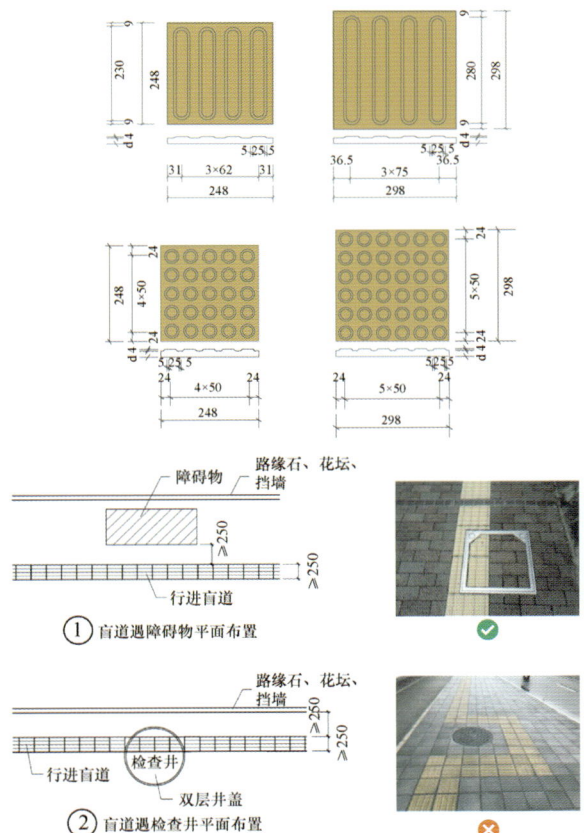

① 盲道遇障碍物平面布置

② 盲道遇检查井平面布置

# 无障碍机动车停车位和上/落客区

无障碍机动车停车位是指为肢体残疾人驾驶或者乘坐的机动车专用的停车位，无障碍机动车停车位会标有"无障碍标识"图案。

## 设计应符合下列规定：

1. 应将通行方便、路线短的停车位设为无障碍机动车停车位。
2. 无障碍机动车停车位一侧，应设宽度不小于 1.20m 的轮椅通道。轮椅通道与其所服务的停车位不应有高差，和人行通道有高差处应设置缘石坡道，且应与无障碍通道衔接。
3. 无障碍机动车停车位的地面坡度不应大于 1：50。
4. 无障碍机动车停车位的地面应设置停车线、轮椅通道线和无障碍标识，并应设置引导标识。
5. 总停车数在 100 辆以下时应至少设置 1 个无障碍机动车停车位，100 辆以上时应设置不少于总停车数 1% 的无障碍机动车停车位；城市广场、公共绿地、城市道路等场所的停车位应设置不少于总停车数 2% 的无障碍机动车停车位。
6. 无障碍小汽(客)车上客和落客区的尺寸不应小于 2.40m×7.00m，和人行通道有高差处应设置缘石坡道，且应与无障碍通道衔接。

扫一扫了解无障碍机动车停车位和上/落客区更详细的内容吧

第二章 无障碍设计标准及图解

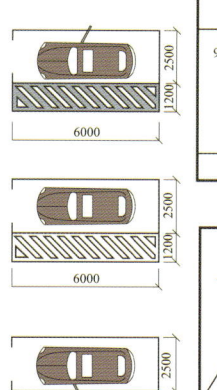
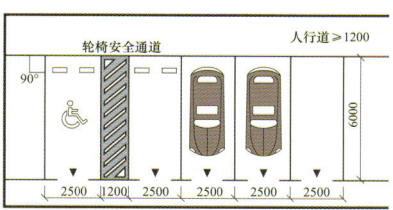
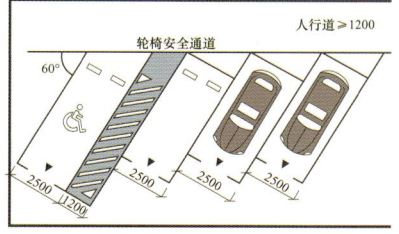

**无障碍机动车停车位**

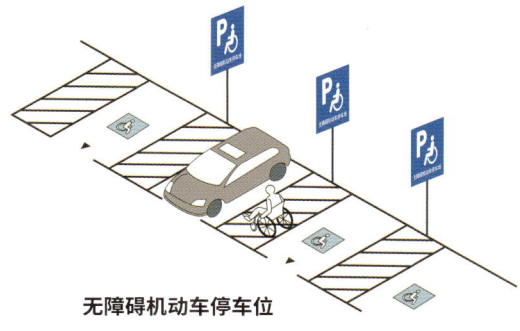

**无障碍机动车停车位**

# 轮椅坡道

轮椅坡道是指在坡度和宽度以及地面、扶手、高度等方面符合乘轮椅者通行的坡道。

## 设计应符合下列规定：

**1.** 轮椅坡道的坡度和坡段提升高度应符合下列规定：

**(1)** 横向坡度不应大于1∶50，纵向坡度不应大于1∶12，当条件受限且坡段起止点的高差不大于150mm时，纵向坡度不应大于1∶10；

**(2)** 每段坡道的提升高度不应大于750mm。

**2.** 轮椅坡道的通行净宽不应小于1.20m。

**3.** 轮椅坡道的起点、终点和休息平台的通行净宽不应小于坡道的通行净宽，水平长度不应小于1.50m，门扇开启和物体不应占用此范围空间。

**4.** 轮椅坡道的高度大于300mm且纵向坡度大于1∶20时，应在两侧设置扶手，坡道与休息平台的扶手应保持连贯。

**5.** 设置扶手的轮椅坡道的临空侧应采取安全阻挡措施。

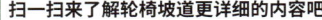

扫一扫来了解轮椅坡道更详细的内容吧

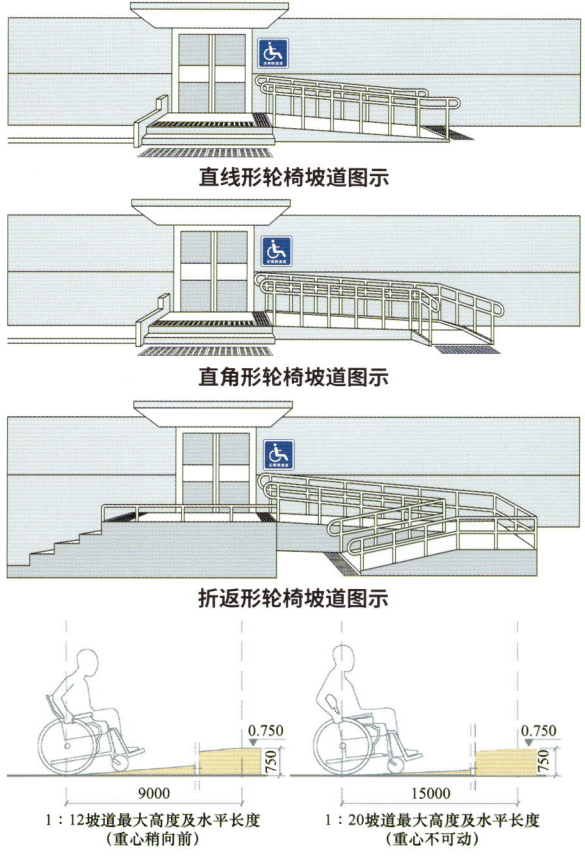

# 无障碍出入口

无障碍出入口是指在坡度、宽度、高度上以及地面材质、扶手形式等方面方便行动障碍者通行的出入口。

### 设计应符合下列规定：

**1.** 无障碍出入口应为下列 3 种出入口之一：
**(1)** 地面坡度不大于 1 ：20 的平坡出入口；
**(2)** 同时设置台阶和轮椅坡道的出入口；
**(3)** 同时设置台阶和升降平台的出入口。

**2.** 除平坡出入口外，无障碍出入口的门前应设置平台；在门完全开启的状态下，平台的净深度不应小于 1.50m；无障碍出入口的上方应设置雨篷。

**3.** 设置出入口闸机时，至少有一台开启后的通行净宽不应小于 900mm，或者在紧邻闸机处设置供乘轮椅者通行的出入口，通行净宽不应小于 900mm。

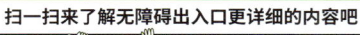
扫一扫来了解无障碍出入口更详细的内容吧

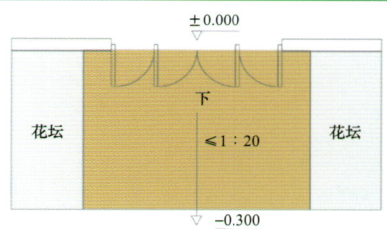

**平坡出入口图示**

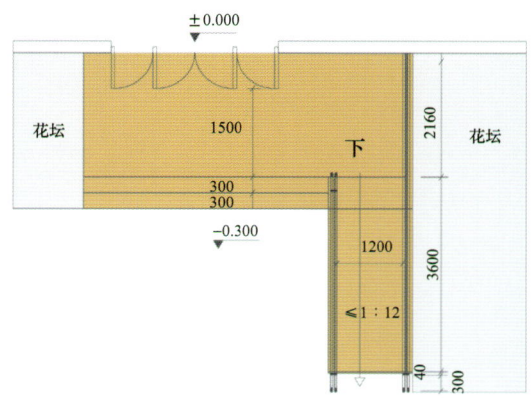

**同时设置台阶和轮椅坡道的出入口图示**

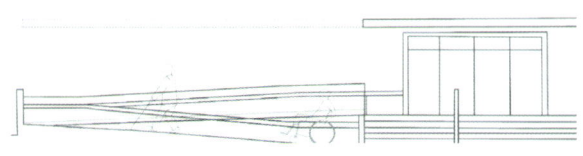

**无障碍出入口立面示意图**

# 门

方便行动障碍者出入且满足无障碍要求的门。

## 设计应符合下列规定：

**1.** 满足无障碍要求的门应可以被清晰辨认，并应保证方便开关和安全通过。

**2.** 在无障碍通道上不应使用旋转门。

**3.** 满足无障碍要求的门不应设挡块和门槛，门口有高差时，高度不应大于15mm，并应以斜面过渡，斜面的纵向坡度不应大于1∶10。

**4.** 满足无障碍要求的手动门应符合下列规定：

（1）新建和扩建建筑的门开启后的通行净宽不应小于900mm，既有建筑改造或改建的门开启后的通行净宽不应小于800mm；

（2）平开门的门扇外侧和里侧均应设置扶手，扶手应保证单手握拳操作，操作部分距地面高度应为0.85~1.00m；

（3）除防火门外，门开启所需的力度不应大于25N。

**5.** 满足无障碍要求的自动门应符合下列规定：

（1）开启后的通行净宽不应小于1.00m；

（2）当设置手动启闭装置时，可操作部件的中心距地面高度应为0.85~1.00m。

**6.** 全玻璃门应符合下列规定：

（1）应选用安全玻璃或采取防护措施，并应采取醒目的防撞提示措施；

（2）开启扇左右两侧为玻璃隔断时，门应与玻璃隔断在视觉上显著区分开，玻璃隔断并应采取醒目的防撞提示措施；

（3）防撞提示应横跨玻璃门或隔断，距地面高度应为0.85~1.50m之间。

**7.** 连续设置多道门时，两道门之间的距离除去门扇摆动的空间后的净ији距不应小于1.50m。

**8.** 满足无障碍要求的安装有闭门器的门，从闭门器最大受控角度到完全关闭前10°的闭门时间不应小于3s。满足无障碍要求的双向开启的门应在可视高度部分安装观察窗，通视部分的下沿距地面高度不应大于850mm。

扫一扫来了解门更详细的内容吧

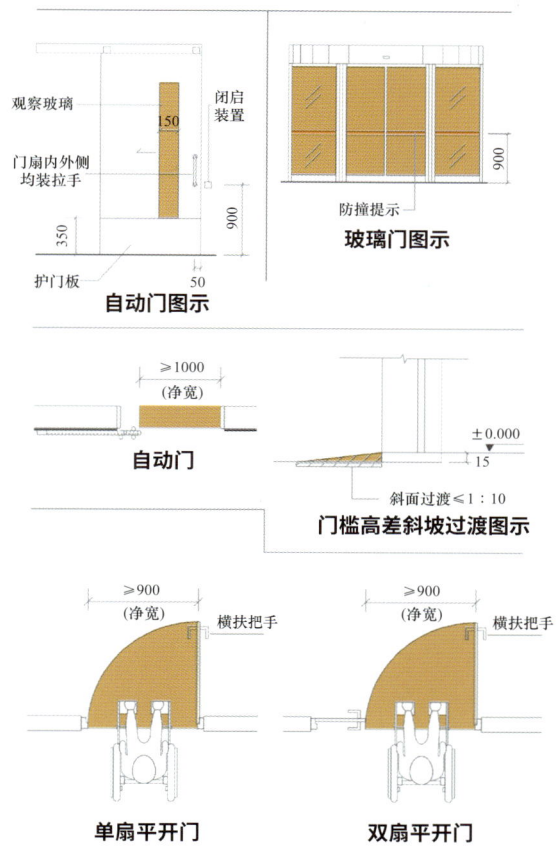

# 无障碍电梯和升降平台

无障碍电梯是适合乘轮椅者、视障者或担架床可进入和使用的电梯。在公共建筑中配备电梯时,必须设无障碍电梯。

## 设计应符合下列规定:

**1.** 无障碍电梯的候梯厅应符合下列规定:

**(1)** 电梯门前应设直径不小于1.50m 的轮椅回转空间,公共建筑的候梯厅深度不应小于1.80m;

**(2)** 呼叫按钮的中心距地面高度应为 0.85~1.10m,且距内转角处侧墙距离不应小于 400mm,按钮应设置盲文标志;

**(3)** 呼叫按钮前应设置提示盲道;

**(4)** 应设电梯运行显示装置和抵达音响。

**2.** 无障碍电梯的轿厢的规格应依据建筑类型和使用要求选用。满足乘轮椅者使用的最小轿厢规格,深度不应小于 1.40m,宽度不应小于 1.10m。同时满足乘轮椅者使用和容纳担架的轿厢,如采用宽轿厢,深度不应小于 1.50m,宽度不应小于 1.60m;如采用深轿厢,深度不应小于 2.10m,宽度不应小于 1.10m。轿厢内部设施应满足无障碍要求。

**3.** 无障碍电梯的电梯门应符合下列规定:

**(1)** 应为水平滑动式门;

**(2)** 新建和扩建建筑的电梯门开启后的通行净宽不应小于 900mm,既有建筑改造或改建的电梯门开启后的通行净宽不应小于 800mm;

**(3)** 完全开启时间应保持不小于 3s。

**4.** 公共建筑内设有电梯时,至少应设置 1 部无障碍电梯。

**5.** 升降平台应符合下列规定:

**(1)** 深度不应小于 1.20m,宽度不应小于 900mm,应设扶手、安全挡板和呼叫控制按钮,呼叫控制按钮的高度应符合本规定第 1 条的有关规定;

**(2)** 应采用防止误入的安全防护措施;

**(3)** 传送装置应设置可靠的安全防护装置。

扫一扫来了解无障碍电梯和升降平台更详细的内容吧

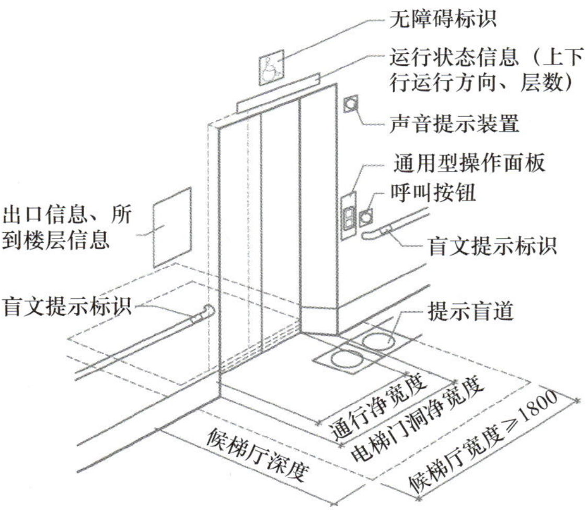

**无障碍候梯厅图示**

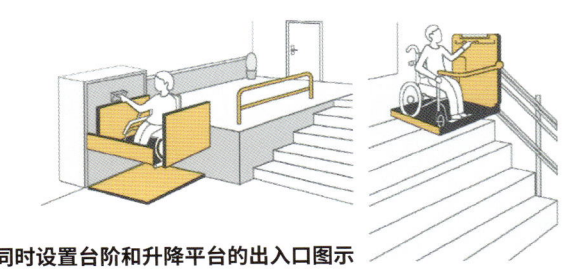

**同时设置台阶和升降平台的出入口图示**

# 楼梯和台阶

在楼梯形式、宽度、踏步、地面材质、扶手形式等方面方便行动及视觉障碍者使用的楼梯。

## 设计应符合下列规定：

1. 视觉障碍者主要使用的楼梯和台阶应符合下列规定：

(1) 距踏步起点和终点 250~300mm 处应设置提示盲道，提示盲道的长度应与梯段的宽度相对应；

(2) 上行和下行的第一阶踏步应在颜色或材质上与平台有明显区别；

(3) 不应采用无踢面和直角形突缘的踏步；

(4) 踏步防滑条、警示条等附着物均不应突出踏面。

2. 行动障碍者和视觉障碍者主要使用的三级及三级以上的台阶和楼梯应在两侧设置扶手。

扫一扫来了解楼梯和台阶更详细的内容吧

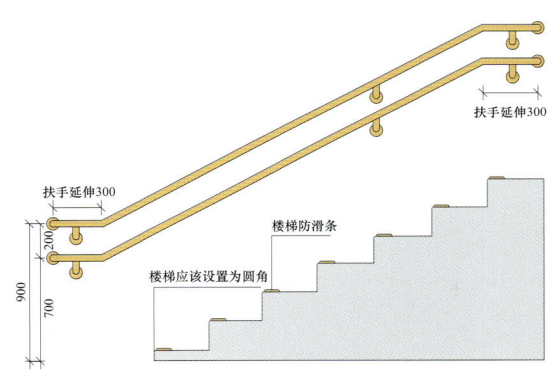

**楼梯示意图**

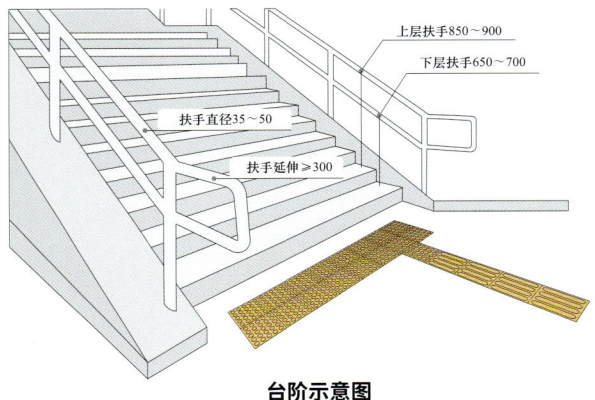

**台阶示意图**

# 缘石坡道

缘石坡道位于人行道口或人行横道两端,为了避免人行道路缘石带来的通行障碍,方便乘轮椅者进入人行道行驶的一种坡道。

### 设计应符合下列规定:

1. 各种路口、出入口和人行横道处,有高差时应设置缘石坡道。
2. 缘石坡道的坡口与车行道之间应无高差。
3. 缘石坡道距坡道下口路缘石 250~300mm 处应设置提示盲道,提示盲道的长度应与缘石坡道的宽度相对应。
4. 缘石坡道的坡度应符合下列规定:
(1) 全宽式单面坡缘石坡道的坡度不应大于 1:20;
(2) 其他形式缘石坡道的正面和侧面的坡度不应大于 1:12。
5. 缘石坡道的宽度应符合下列规定:
(1) 全宽式单面坡缘石坡道的坡道宽度应与人行道宽度相同;
(2) 三面坡缘石坡道的正面坡道宽度不应小于 1.20m;
(3) 其他形式的缘石坡道的坡口宽度均不应小于 1.50m。
6. 缘石坡道顶端处应留有过渡空间,过渡空间的宽度不应小于 900mm。
7. 缘石坡道上下坡处不应设置雨水箅子。设置阻车桩时,阻车桩的净间距不应小于 900mm。

扫一扫来了解缘石坡道更详细的内容吧

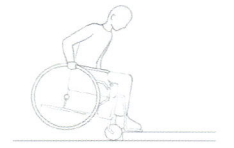

**高差引起轮椅前倾图示**

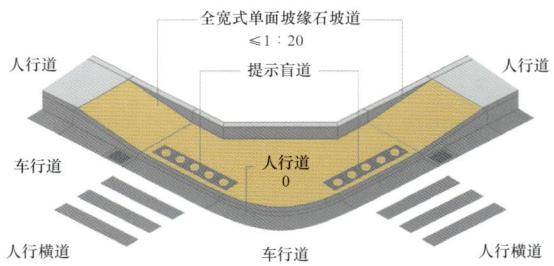

**全宽式单面坡缘石坡道图示**

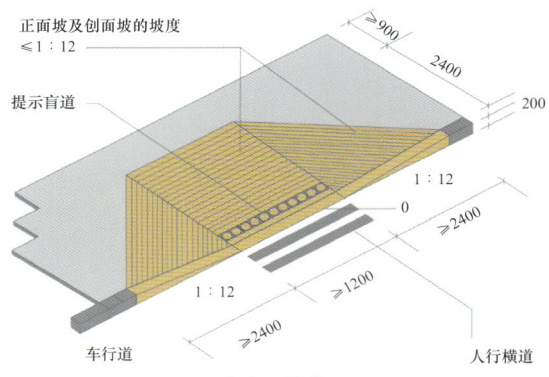

**三面坡缘石坡道图示**

# 扶手

为方便行动障碍者安全移动和支撑的设施。

## 设计应符合下列规定：

**1.** 满足无障碍要求的单层扶手的高度应为 850~900mm；设置双层扶手时，上层扶手高度应为 850~900mm，下层扶手高度应为 650~700mm。

**2.** 行动障碍者和视觉障碍者主要使用的楼梯、台阶和轮椅坡道的扶手应在全长范围内保持连贯。

**3.** 行动障碍者和视觉障碍者主要使用的楼梯和台阶、轮椅坡道的扶手起点和终点处应水平延伸，延伸长度不应小于 300mm；扶手末端应向墙面或向下延伸，延伸长度不应小于 100mm。

**4.** 扶手应固定且安装牢固，形状和截面尺寸应易于抓握，截面的内侧边缘与墙面的净距离不应小于 40mm。

**5.** 扶手应与背景有明显的颜色或亮度对比。

扫一扫来了解扶手更详细的内容吧

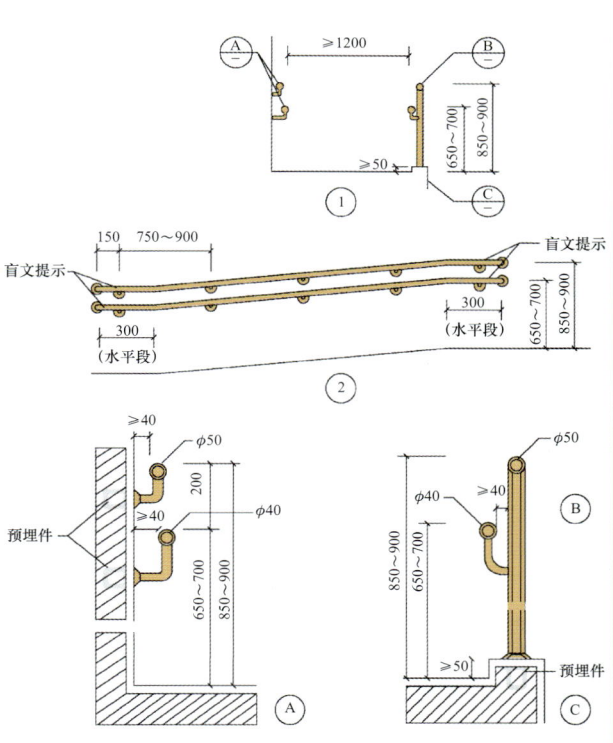

**坡道扶手图示**

# 公共卫生间（厕所）和无障碍厕所

出入口、室内空间及地面材质等方面方便行动障碍者使用且无障碍设施齐全的厕所。

## 设计应符合下列规定：

**1.** 满足无障碍要求的公共卫生间（厕所）应符合下列规定：
**(1)** 女卫生间（厕所）应设置无障碍厕位和无障碍洗手盆，男卫生间（厕所）应设置无障碍厕位、无障碍小便器和无障碍洗手盆；
**(2)** 内部应留有直径不小于 1.50m 的轮椅回转空间。

**2.** 无障碍厕位应符合下列规定：
**(1)** 应方便乘轮椅者到达和进出，尺寸不应小于 1.80m×1.50m；
**(2)** 如采用向内开启的平开门，应在开启后厕位内留有直径不小于 1.50m 的轮椅回转空间，并应采用门外可紧急开启的门闩；
**(3)** 应设置无障碍坐便器。

**3.** 无障碍厕所应符合下列规定：
**(1)** 位置应靠近公共卫生间（厕所），面积不应小于 4.00m²，内部应留有直径不小于 1.50m 的轮椅回转空间；
**(2)** 内部应设置无障碍坐便器、无障碍洗手盆、多功能台、低位挂衣钩和救助呼叫装置；
**(3)** 应设置水平滑动式门或向外开启的平开门。

**4.** 公共建筑中的男、女公共卫生间（厕所），每层应至少分别设置 1 个满足无障碍要求的公共卫生间（厕所），或在男、女公共卫生间（厕所）附近至少设置 1 个独立的无障碍厕所。

扫一扫来了解公共卫生间（厕所）和无障碍厕所更详细的内容吧

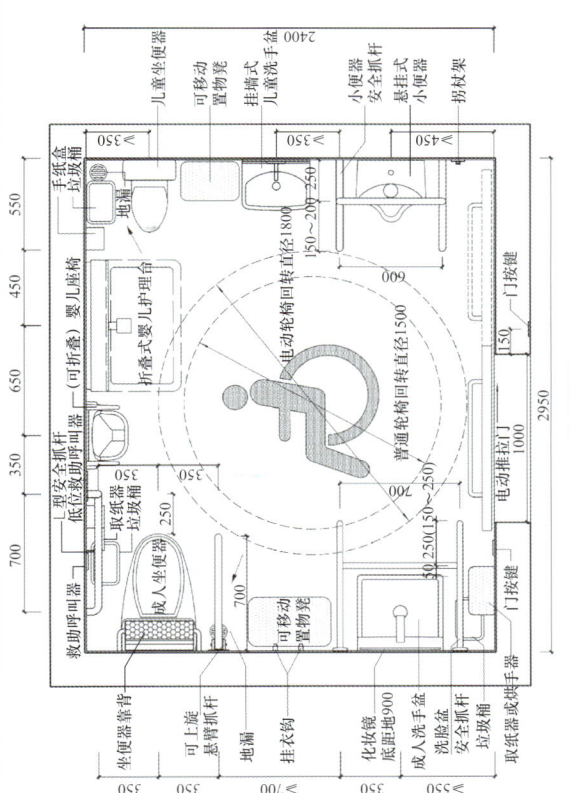

无障碍厕所

# 公共浴室和更衣室

无障碍设施齐全的淋浴间和更衣室。

### 设计应符合下列规定：

**1.** 满足无障碍要求的公共浴室应符合下列规定：
**(1)** 应设置至少 1 个无障碍淋浴间或盆浴间和 1 个无障碍洗手盆；
**(2)** 无障碍淋浴间的短边宽度不应小于 1.50m，淋浴间前应设一块不小于 1500mm×800mm 的净空间，和淋浴间入口平行的一边的长度不应小于 1.50m；
**(3)** 淋浴间入口应采用活动门帘。
**2.** 无障碍更衣室应符合下列规定：
**(1)** 乘轮椅者使用的储物柜前应设直径不小于 1.50m 的轮椅回转空间；
**(2)** 乘轮椅者使用的座椅的高度应为 400~450mm。

扫一扫来了解公共浴室和更衣室更详细的内容吧

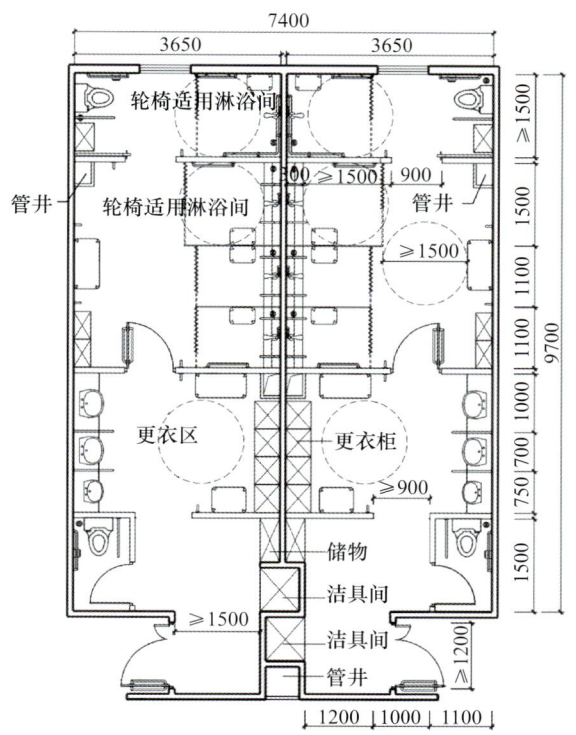

**无障碍公共浴室平面示例**

# 无障碍客房和无障碍住房、居室

出入口、通道、通信、家具和卫生间等均有无障碍设施，房间的空间尺度方便行动障碍者安全活动的客房、住房和居室。

## 设计应符合下列规定：

**1.** 无障碍客房和无障碍住房、居室应设于底层或无障碍电梯可达的楼层，应设在便于到达、疏散和进出的位置，并应与无障碍通道连接。

**2.** 人员活动空间应保证轮椅进出，内部应设轮椅回转空间。

**3.** 主要人员活动空间应设置救助呼叫装置。

**4.** 无障碍客房和无障碍住房、居室内应设置无障碍卫生间，并符合下列规定：

**(1)** 应保证轮椅进出，内部应设轮椅回转空间；

**(2)** 内部应设置无障碍坐便器、无障碍洗手盆、无障碍淋浴间或盆浴间、低位挂衣钩、低位毛巾架、低位搁物架和救助呼叫装置；

**(3)** 应设置水平滑动式门或向外开启的平开门。

**5.** 无障碍客房和无障碍住房设置厨房时应为无障碍厨房。

**6.** 乘轮椅者上下床用的床侧通道宽度不应小于1.20m。

**7.** 窗户可开启扇的执手或启闭开关距地面高度应为0.85~1.00m，手动开关窗户操作所需的力度不应大于25N。

**8.** 无障碍住房的门禁和无障碍客房的门铃应同时满足听觉障碍者、视觉障碍者和言语障碍者使用。

扫一扫了解无障碍客房和无障碍住房、居室更详细的内容吧

# 第二章 无障碍设计标准及图解

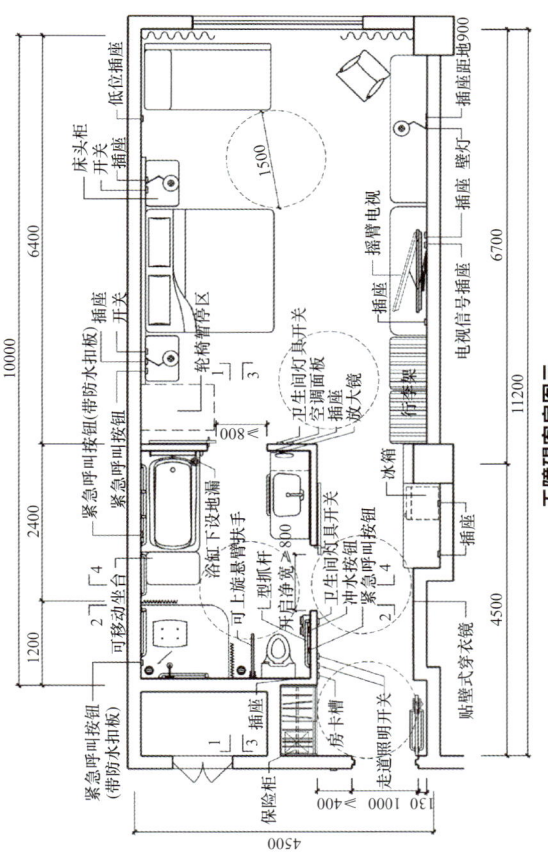

无障碍客房图示

# 轮椅席位

在观众厅、报告厅、体育场馆和阅览室及教室等,作为乘轮椅者提供观赏、听讲和阅读的位置。

### 设计应符合下列规定:

1. 轮椅席位的观看视线不应受到遮挡,并不应遮挡他人视线。
2. 轮椅席位应设置在便于疏散的位置,并不应设置在公共通道范围内。
3. 轮椅席位区应通过无障碍通行设施与疏散出口、公共服务、卫生间、讲台等必要的功能空间和设施连接。
4. 轮椅席位应符合下列规定:
   **(1)** 每个轮椅席位的净尺寸深度不应小于1.30m,宽度不应小于800mm;
   **(2)** 观众席为100座及以下时应至少设置1个轮椅席位;101~400座时应至少设置2个轮椅席位;400座以上时,每增加200个座位应至少增设1个轮椅席位;
   **(3)** 在轮椅席位旁或邻近的座席处应设置1:1的陪护席位;
   **(4)** 轮椅席位的地面坡度不应大于1:50。

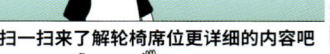
扫一扫来了解轮椅席位更详细的内容吧

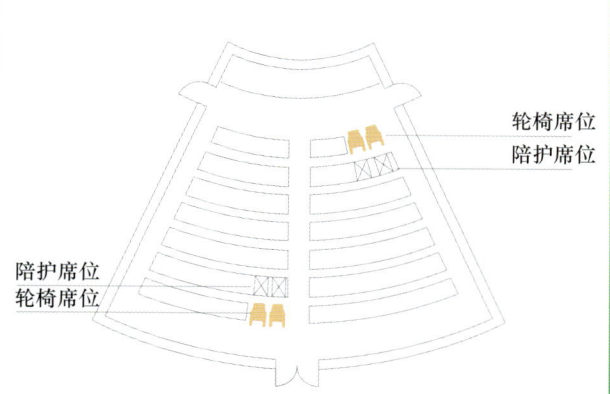

**轮椅席位设置在便于疏散位置图示**

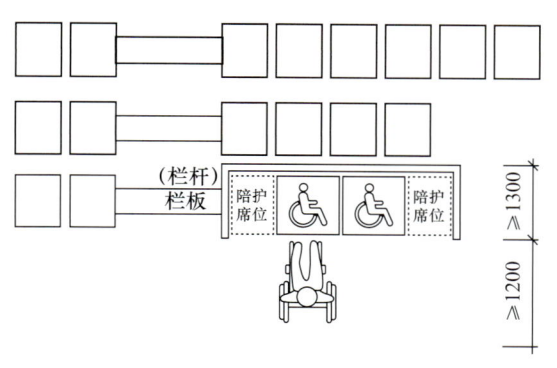

# 低位服务设施

低位服务设施是指为方便行动障碍者使用设置的高度适当的服务设施。使用者主要为：身材矮小的成年人、儿童以及乘坐轮椅的人。

## 设计应符合下列规定：

1. 为公众提供服务的各类服务台均应设置低位服务设施，包括问询台、接待处、业务台、收银台、借阅台、行李托运台等。
2. 当设置饮水机、自动取款机、自动售票机、自动贩卖机等时，每个区域的不同类型设施应至少有 1 台为低位服务设施。
3. 低位服务设施前应留有轮椅回转空间。
4. 低位服务设施的上表面距地面高度应为 700~850mm；台面的下部应留出不小于宽 750mm、高 650mm、距地面高度 250mm 范围内进深不小于 450mm、其他部分进深不小于 250mm 的容膝容脚空间。

扫一扫来了解低位服务设施更详细的内容吧

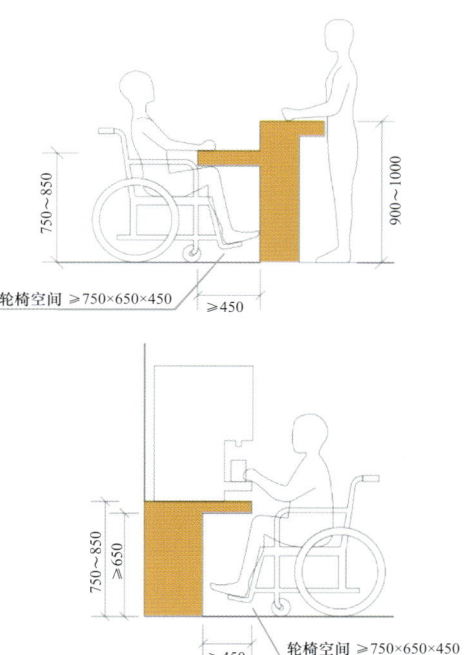

**低位服务设施图示**

# 无障碍标识

## 常用无障碍标识

无障碍设施

轮椅坡道

无障碍通道

无障碍机动车停车位

无障碍厕所

扫一扫可以看看更多无障碍标识哦

# 第三章

## 福田区无障碍城区建设实例

## 轮椅坡道

**冬瓜岭地铁站轮椅坡道**

**福田区残疾人联合会轮椅坡道**

## 无障碍机动车停车位

**福田区残疾人联合会无障碍机动车停车位**

**深圳市政务服务中心无障碍机动车停车位**

## 无障碍卫生间

**黄木岗地铁站无障碍卫生间**

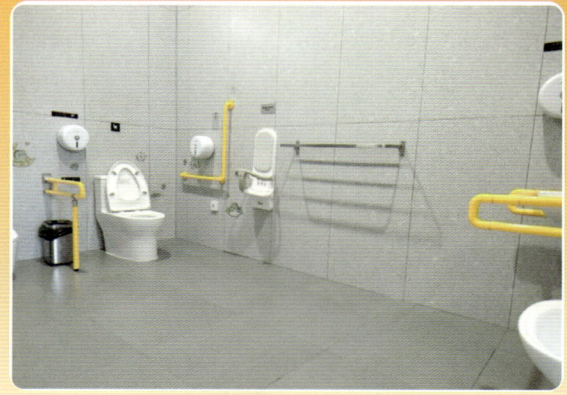

**福田区笔架山体育公园无障碍卫生间**

**轮椅席位**

福田区残疾人综合服务中心多功能厅轮椅席位

**盲道**

少年宫地铁站内盲道

## 无障碍电梯

福田地铁站无障碍电梯

## 升降平台

福田区政务服务中心残联服务厅升降平台

## 低位服务设施

**深圳图书馆低位服务台**

## 缘石坡道

**福田中心区无障碍智慧街区缘石坡道**

## 无障碍设施指引

莲花村地铁站无障碍设施指引牌

## 带盲文铭牌的扶手

福田区行政服务大厅残联分厅带盲文铭牌的扶手

中华人民共和国无障碍环境建设法

深圳经济特区无障碍城市建设条例

快来扫一扫了解无障碍相关法律法规吧!

图书在版编目（CIP）数据

幸福城区　融合无碍：深圳市福田区参与创建全国无障碍建设示范城市工作手册 / 深圳市福田区残疾人联合会编 . — 北京：中国建设科技出版社，2024.11.
ISBN 978-7-5160-4282-3

Ⅰ.TU984.14

中国国家版本馆CIP数据核字第20242G1L92号

---

**幸福城区　融合无碍：深圳市福田区参与创建全国无障碍建设示范城市工作手册**
XINGFU CHENGQU RONGHE WUAI: SHENZHEN SHI FUTIAN QU CANYU CHUANGJIAN QUANGUO WUZHANGAI JIANSHE SHIFAN CHENGSHI GONGZUO SHOUCE

深圳市福田区残疾人联合会　编

| | |
|---|---|
| 出版发行： | 中国建设科技出版社 |
| 地　　址： | 北京市西城区白纸坊东街2号院6号楼 |
| 邮政编码： | 100054 |
| 经　　销： | 全国各地新华书店 |
| 印　　刷： | 北京雁林吉兆印刷有限公司 |
| 开　　本： | 880mm×1230mm　1/64 |
| 印　　张： | 1.375 |
| 字　　数： | 50千字 |
| 版　　次： | 2024年11月第1版 |
| 印　　次： | 2024年11月第1次 |
| 定　　价： | 45.00元 |

---

本社网址：**www.jccbs.com**，微信公众号：**zgjskjcbs**
请选用正版图书，采购、销售盗版图书属违法行为
**版权专有，盗版必究**。本社法律顾问：北京天驰君泰律师事务所，张杰律师
举报信箱：**zhangjie@tiantailaw.com**　　举报电话：（010）63567684
本书如有印装质量问题，由我社事业发展中心负责调换，联系电话：（010）63567692